花の絵本
Vol.9

八ヶ岳高原の花・春
Flower of The Yatsugatake highlands, Spring

日弉貞夫 写真集
Photographed by Hibi Sadao

東方出版

はじめに

　ここ、八ヶ岳中央高原に居を移して3年半の歳月が過ぎた。はじめての春に、近くの人からルリソウの群生を見に行こうと誘われました。車で少し走った別荘地内に、ルリソウがたくさん咲いていて、そのあまりの美しさに感動を覚えた。

　次の日から、付近の林中や草地や道端などを丹念に見て歩いたところ、いろいろな草樹が自生していることを知り、驚かされた。いつも車で走っている道路の端にスミレやムラサキケマンが咲いていた。まだ咲いていなかったが、スズランの葉もあった。身近にこれ程多くの花があるからには、花をライフワークの一つとして取り組む決心をした。

　信州全域の花ではなく、まず八ヶ岳山麓に広がる八ヶ岳高原（霧ヶ峰高原・車山高原・蓼科高原・八ヶ岳中央高原・富士見高原・清里高原・野辺山高原など）に咲く花にしぼり、撮影をはじめた。八ヶ岳は、本州のほぼ中央に位置し、植物分布上きわめて貴重な地であり、種々の花がある。

　今回、幸いにもいろいろな花と出会い、語らいながら撮影することができた。掲載されている花は、自生の花だけでなく、保存や保護のために、自然の中で育てられている花も入っています。

　本書の春編は、雪解けの頃から6月末まで咲いている花を取りあげ、高原での開花時期を記しました。八ヶ岳高原は花の宝庫であり、これからも新しい花をもとめて走りまわりたいと思います。

　野草を愛する方々や研究家にアドバイスをいただき、ようやく春編を出版する運びになったことを感謝いたします。

　　　　　　　　　　　　　　　　　　　　　　　　　　　　日弄貞夫

1―アツモリソウ　ラン科

北海道から本州（中部地方以北）などに分布する。山地の草原に生える大形の多年草。茎は直立で30〜50cmあり、広楕円形の葉は、3〜4枚互生する。花は径3〜5cmの淡紅色の袋状で、茎の先につく。和名は花の形から平敦盛が背負った母衣に見たててつけられた。美しい花のため乱獲され絶滅が危惧されている。開花は4〜5月。

2—アケボノアセビ　アセビ科

アセビは本州（山形県以西）から四国、九州などに分布する。少し乾燥した山地に生え、葉は倒披針形で互生する。アケボノアセビはアセビの品種で紅色の花が咲き、まれに自生している。開花は3月～5月。

3—アズマイチゲ　キンポウゲ科

北海道から九州まで分布する。山麓の林や草原や土手などに生える多年草。花は3～4cmほどで、萼片は8～13枚あり、白色である。和名は関東地方に多くあるのでつけられた。開花は3月～4月。

4—アオチドリ（ネムロチドリ）　ラン科

北海道と本州（中部地方以北）と四国などに分布する。高山や山地の林内に生える多年草。高さは20〜50cmになり、葉は長楕円形で互生する。花は淡緑色に暗紫色のぼかしがあり多くつけ、苞葉は花よりも長く唇弁の先は3裂になる。別名、ネムロチドリという。開花は5月〜6月。

5—アマドコロ　ユリ科

北海道から九州まで分布する。山地や野原に生える多年草。高さは30〜80cmになる。葉は長楕円形で互生する。葉の脇から花柄を出し、その先に長さ2cmほどの緑白色の花を吊り下げる。和名の甘野老は地下茎が甘野老（ヤマノイモ科）に似て甘みがあることから名づけられた。開花は5月〜6月。

6—アヤメ　アヤメ科

北海道から九州まで分布する。本種は乾燥した草原などに多く生える多年草。高さ30〜50cmで幅5〜10mmの剣形である。花は径7〜8cmの紫色で次々と開く。和名の文目は葉が並んでいる様を文と見たてて名づけられたといわれている。開花は5月〜7月。

7—イカリソウ　メギ科

北海道の渡島半島から本州の太平洋側に多く分布する。山地の木陰などで良く見かける多年草。高さは20〜40cmもなり、ゆがんだ卵形で、縁に刺状の毛がある。和名は花のかたちが船の錨に似ているところから名づけられた。開花は4月〜6月。

8―イチリンソウ　キンポウゲ科

本州と四国・九州などで分布する。山地の木陰や山麓の土手などに生える多年草。高さ20〜25cmで、茎葉の間から1本の長い柄をだして白色の花をひとつだけ咲かせる。開花は4月〜5月。

9―ウスバサイシン　ウマノスズクサ科

本州と四国・九州などに分布する。山地の林内の湿ったところに生える多年草。葉は卵心形で、長さ5〜8cmありうすい。花は径1〜1.5cmで、葉柄の基に1個つく。根を漢方で細辛といい鎮痛剤などに用いた。開花は3月〜5月。

10―ウマノアシガタ　キンポウゲ科

北海道から九州まで分布する。日当たりのよい草地に生える多年草。黄色の花が咲くとよく目立ち鮮やかである。花には重弁になるものがあり、以前はこれをキンポウゲと呼び、一重のものをウマノアシガタと呼んでいた。和名は根生葉の形からきているらしい。開花は4月〜5月で有害植物。

11―ウワミズザクラ　バラ科

日本全土に分布する。山地に生えて高木になる。桜の花に似た白い小さな花が穂状につき、花のつく小枝に8〜11cmほどの葉がある。新潟県では、つぼみの塩漬けを食用にしている。開花は5月〜6月。

12—エビネ　ラン科

日本全土に分布する。山林や竹林など生える多年草で栽培もよくされている。花茎の高さは30～40cm、葉は長さ15～25cmで2～4枚へら状につく。太い花茎を一本のばし10数個の花をつける。和名は海老根で、地下に横に連なる球茎の形が海老の腹部に似ているところからつけられた。開花は4月～5月。

13―エンレイソウ　ユリ科

北海道から九州まで分布する。山地の林内のやや湿気のあるところに生える多年草。長い茎は高さ20〜40cmになり、茎の先に大きな葉を3枚輪生させる。その中の1本に7〜15cmの花を横向きにつける。和名は延齢草で、語源は不明。開花は4月〜6月。

14— オオアラセイトウ（ハナダイコン）
アブラナ科

中国原産の越年草で野原に咲く。ハナダイコンという呼びなで良く知られている。葉は羽状に裂けて、花は径2〜3cmほどで紅紫色か淡紫色である。開花は3月〜5月。

15—オオイヌノフグリ　ゴマノハグサ科

明治初期に渡来したヨーロッパ原産の帰化植物。畑やあぜや道端などで良く見られる越年草。葉は卵円形で縁に鈍い鋸葉がある。花は早春から全国的に見られ径7～10mmほどのルリ色で葉の脇に1個ずつつける。開花は3月～5月。

16—オキナグサ　キンポウゲ科

本州と四国・九州などに分布する。日当りの良い山野や草原に生える多年草。花は長さ3cmほどの鐘形で下向きに開き、花びら状の萼片の外は白色の毛におおわれ、内は暗赤紫色である。和名の翁草は、花の終わった後に白毛のある果実が翁の白髪に似ているところからつけられた。開花は4～5月。

17─オトコヨウゾメ　*ガマズミ属*

本州と四国・九州などに分布する。日当たりの良い山野に生える落葉低木。葉は長さ4〜8cmほどの卵形で、縁に鋭鋸歯がある。花は淡紅色を帯びた白い花を5〜10個つける。9〜10月には楕円形の赤い実がなる。開花は5〜6月。

18 — オヘビイチゴ　バラ科

本州と四国、九州などに分布する。野原や水田のあぜなどの少し湿ったところに生える多年草。花は径8mmほどで、茎の上に咲き、ヘビイチゴより大きいので雄蛇苺の和名がつけられた。開花は5〜6月。

19 — カキドオシ　シソ科

北海道より九州まで分布する。野原や道端や川岸などに生えるつる性の多年草。花は淡紫紅色の唇形で、柄があり葉の脇に1〜3個ずつつける。花時は直立し花が終わると茎は倒れて横にはって長いつる状になる。和名の垣通しは、垣根を通り越して向こうまで延びていくことからつけられた。開花は4〜5月。

20—**カタクリ**　ユリ科

北海道から九州まで分布する。山野や林の斜面に群生する多年草。
2枚の大きな葉の間から高さ15cmほどの茎をのばし、先に径4〜5cm
もある紅紫色の花が開く。リン茎からカタクリ粉がつくられた。
この花は野草ファンに人気があり開花時期は人々で賑わっている。
開花は3〜5月。

21 — カモメラン（カモメソウ）
ラン科

北海道と本州（中部地方以北・紀伊半島）や四国などで分布する。深山の多湿の林縁に生える多年草。葉は長さ4〜6cmの楕円形で、茎は高さ10〜20cmで翼がある。花は淡紅色で茎の先に2個つけ、その姿から名前がつけられた。別名をカモメソウともいう。開花は4〜5月。

22— キジムシロ　バラ科

北海道から九州まで分布する。山野の草原などに生える多年草。葉はすべて根生で、全体に毛が多く5〜9枚の小さい葉を奇数羽状につけ、花が咲いたあとに大きくのびる。名は、葉が丸く広がっている様を、キジが座るムシロに見たてたためだといわれている。開花は5〜6月。

23— キバナノヤマオダマキ　キンポウゲ科

北海道から九州まで分布する。深山の林縁や道端や草原に生える多年草。高さは30〜50cmにもなり、茎はまばらに枝分かれして紫褐色を帯びる。花は径3〜3.5cmで、花弁は5個あり茎の先に下向きに開く。開花は6〜7月。

24—ギンラン　ラン科

本州と四国・九州などに分布する。山地や丘陵のやや明るい林の下に生える多年草。高さは10〜30cmほどで、葉は細長い楕円形で3〜6枚互生する。花は1cmほどで茎の先に3〜5個つけている。少なくなったが、木陰にそっと咲いているのを見つけると嬉しくなる。和名の銀蘭は、花の色からきたものである。開花は5〜6月。

25―クサノオウ　ケシ科

北海道から九州まで分布する。日当たりの良い草地や道端などに生える越年草。茎は中空で高さ30〜80cmになり、茎を傷つけると黄色の液が出る。有毒なので注意が必要。花は4弁で数個つける。毒草であるが薬用にも使われる。和名は瘡（丹毒）を直す効力があるので瘡の王という説だが異論もある。開花は4〜5月。

26 — クサボケ　　バラ科

本州（関東地方以西）から四国・九州などに分布する。日当たりの良い山野に生える雌雄同株の落葉低木。高さは0.3〜1mで刺があり、朱赤色の花が3〜5個束生する。実は完熟すると黄色くなり果実酒などに利用されている。開花は4〜5月。

27 — クマガイソウ　　ラン科

北海道から九州まで分布する。山林や竹林の生える多年草。高さは20〜40cmほどになり、長い地下茎を横にのばすので群生する。葉は径10〜20cmの扇形で2枚がほぼ対生する。花は径8〜10cmの大きな花が横向きに1個咲き、その姿はみごとである。和名の熊谷草は、袋状の唇弁を熊谷直実が背負った母衣に例えたものからつけられた。絶滅が危惧されている。開花は4〜5月。

28—**クリンソウ**　サクラソウ科

北海道や本州・四国などに分布する。山間の湿地に生える多年草。長い茎を出し、葉は大形で長楕円形である。花は紅紫色で輪状に数層つける。この咲きかたからこの名前がつけられた。開花は5〜6月。

29 — クルマバツクバネソウ　ユリ科

北海道から九州まで分布する。山地の林などに生える多年草。高さは20〜40cmにもなり、葉は先端がとがり6〜8枚輪生する。花は淡黄緑色で、茎の先に上向きに1個つける。和名は、葉が車輪状つくことからつけられた。開花は6〜7月。

30 — グンナイフウロ　フウロソウ科

北海道と本州（中部地方以北）などに分布する。草原に生える多年草。葉は大形で幅5〜12cmあり、高さは30〜50cmにもなる。花は径2.5〜3cmの淡紫紅色で5弁ある。和名は郡内風露で、山梨県東部の郡内で見いだされたのでつけられた。開花は6〜8月。

31―コイワカガミ　イワカガミ科

本州（中部地方・奈良県）などに分布する。高山の岩場や日当たりの良い乾いた草地にも生える多年草。葉は円形か広卵形で、縁には鋸歯があるが鋭くはない。花は紅紫色で茎の先に1〜5個つける。名は、葉の表面に光沢があり、これを鏡に見たててつけられた。開花は6〜7月。

32―コウライテンナンショウ　サトイモ科

北海道から九州まで分布する。山地の林の下や湿った草地などに生える多年草で非常に変異の多いもの。葉は2枚で小葉5〜14枚鳥の足のようにつけている。茎の先に仏炎苞をつけ、舷部にかけて白い筋が数本入る。開花は5〜6月。

33—コバイケイソウ　ユリ科

北海道と本州（中部地方以北）などで分布する。高山や深山の湿原や湿った草原に生える大形の多年草。茎の高さは1m程になり、葉は広楕円形で互生する。花は径8mm程で小さく密につけている。開花は6〜8月。

34—コブシ　モクレン科

北海道から九州まで分布する。山野に生える落葉小高木・高木。高さは5〜20mにもなり、葉は長さ6〜13cmの卵形で、花の下に若葉を1つつけるのが特徴。花は径6〜10cmの白色で枝先に咲く。コブシが咲きはじめると春のおとずれを感じる。開花は3〜5月。

35—**サクラスミレ**　スミレ科

北海道から九州まで分布する。少し標高のある日当たりの良い山地や草地などに生える多年草。北海道では平地でも生育する。花は紅紫色の大形で、花弁の長さは1.5～2cmあり、花弁の先がへこみ桜の花に似ている。開花は4～5月。

36—**サクラソウ**　サクラソウ科

北海道と本州と九州などで分布する。山地や平地の湿地などに生える多年草。葉は緑が浅く切れこんだ楕円形で、長い花茎を立てる。茎の先に紅紫色の花を数個つける。和名の桜草は、花のかたちが桜に似ているところからつけられた。開花は4～5月。

37─ササバギンラン　ラン科

北海道から九州まで分布する。山地や丘陵の林中に生える多年草。高さは30〜50cm程になり、ギンランよりも大きい。葉は笹を思わせるようなかたちで、6〜8枚互生する。花も長さ1.3cm程で、ギンランよりもやや大きく目にしみるような白色である。開花は5〜6月。

38 — ザゼンソウ　サトイモ科

北海道と本州に分布する。山地の林内の湿地に生える多年草。花はこん棒状で、長さ20cm程の仏炎苞の中にあり、悪臭を放つ。葉は花のあとから出てくる。名は花の姿が僧の座禅を思わせるのでつけられた。開花は3〜5月。

39 — サンシュユ　ミズキ科

朝鮮と中国が原産で、享保年間（1720年頃）に渡来した落葉小高木・高木。高さは5〜15mになり、葉は長さ3〜10cmの卵状楕円形で先が鋭くとがっている。黄色の小さな花は、早春の頃に枝一面に咲く。開花は3〜4月。

40―シダレザクラ　バラ科

枝が長くしだれるのが特徴。葉が出る前に径2.4～2.6cm程の淡紅白色の花が2～3個咲き、満開時には白くなる。形質が同じで、花が紅色のベニシダレザクラも美しい。開花は3～4月。

41―シダレモモ　バラ科

桃は古くから日本に渡来している中国原産の落葉低木・小高木。シダレモモは枝がしだれる品種で、7～8月頃には小さな実をつける。開花は3～4月。

42—ショウジョウバカマ　ユリ科

北海道から九州まで分布する。山地のやや湿ったところに生える多年草。根生葉の間から10〜20cmの花茎が立ち、茎の上に3〜15個の紅紫色の花を横向きに咲かせる。和名の猩々袴は、花の色を猩々の顔に、根生葉を袴に見たてたのではないかといわれている。開花は4〜6月。

43 — シラネアオイ　キンポウゲ科

北海道から本州（中部地方以北）などに分布する。雪の多い山地に生える多年草。花は淡い紅紫色の大輪花で実に美しい。和名は日光の白根山に多く自生しており、花がアオイに似ているところからつけられた。開花は5〜7月。

44 — シロバナエンレイソウ　ユリ科

北海道から九州まで分布する。山地の林内のやや湿ったところに生える多年草。高さは20〜40cmにもなり、葉は大きく茎の上部に3枚輪生する。その中から1本花柄を伸して横向きに花をつける。エンレイソウの語源はわかっていない。開花は4〜6月。

45— シロバナヘビイチゴ　バラ科

本州（宮城県〜中部地方）と九州（屋久島）などに分布する。深山の日当りの良い草地や林の縁に生える多年草。茎は地面をはうようにのびて、葉は根生して3小葉がつく。花は細い花茎上に数個まばらにつける。名は白い花で小さく、ヘビイチゴに似ていることからつけられた。開花は5〜7月。

46— ジロボウエンゴサク　ケシ科

本州（関東地方以西）から九州まで分布する。山地や草地などに生える多年草。地中に塊茎があり、そこから細い茎を数個のばす。茎の高さは10〜30cmにもなり、先に紅紫色の花をつける。和名の次郎坊は、スミレの太郎坊に対する方言で子供が距をからませて遊んでいることによる。エンゴサクの漢名は延胡索。開花は4〜5月。

47—スギナ　　トクサ科

日本全土に分布する。野原や土手や畑、荒地、道端などいたるところに群生する多年草で、山菜のツクシとして良く知られている。一般には胞子茎をツクシといい、栄養茎をスギナといっている。開花は3〜5月。

48 ― スズムシソウ　ラン科

北海道から九州まで分布する。山地の林下に生える。葉は長さ6〜12cmの広楕円形で、先がとがっている。花茎の高さは10〜20cmで、淡暗紫色の花を10個程つけるが、じみな色で見つけることがむづかしい。和名は唇弁をスズムシの羽根に見たてたものといわれている。開花は4〜6月。

49 ― スズラン　ユリ科

北海道と本州と九州などに分布する。山地や高原に生える多年草。卵状楕円形の葉を2枚つけて根生する。鱗片葉の腋から花茎5〜10cmだし、白い花を10個程つける。名は小さな鈴状の花が下向きにつくことからつけられた。開花は4〜6月。

50―スミレ　スミレ科

北海道から九州まで分布する。日当たりの良い山野に生える多年草。スミレは春の山野を代表する花で種類も多い。高さ5〜30cmで、葉は長楕円状で鋸歯があり、花は径1.5〜2.5cmの濃い紫色で、側弁に毛がある。和名は花を横から見ると大工道具の墨入れにかたちが似ているところからつけられたといわれている。開花は5〜6月。

51―スミレサイシン　スミレ科

主として北海道（西南部）と本州（日本海側）に分布する。山地の林下に生える多年草。地下茎は太くて大きく、葉には長い柄があり、花は径2〜2.5cmの淡紫色である。和名は、葉のかたちがウスバサイシンに似ていることからつけられた。開花は4〜6月。

セイヨウタンポポの冠毛

52—セイヨウタンポポ　キク科

ヨーロッパ原産で、日当りの良い野原や道端などに生える帰化植物。全国で見られるタンポポといえば、このタンポポといっても過言ではない。高さは10〜20cmで、茎先に黄色の花を1個つける。花が終わると、白くまるい冠毛に変わり種子が風にのって飛びかう。開花は3〜5月。

53—セツブンソウ　キンポウゲ科

本州（関東地方以西）のみに分布する。山地の林中などに生える多年草。石灰岩質の地を好むために咲くところが限られる。茎は高さは5〜15cmになり、先に白い花を1個つける。和名は、節分草で節分の頃に咲くことからつけられた。開花は2〜3月。

54―センボンヤリ　キク科

日本全土に分布する。日当りの良い山野に生える多年草。春の花茎は、葉が間から5〜10cm程のびて先に白い花をつける。秋には花茎が30〜60cmにものびて、その先に冠毛のある実がなる。この様子から千本槍と名づけられた。開花は4月。

55―タチツボスミレ　スミレ科

日本全国に分布する。山野に生える多年草で、良く目にするスミレである。茎は、高さは5〜15cmで枝分かれして株をつくり、花が終わるとさらに伸びて30cm程になる。花の径は1.5〜2.5cmで、色は普通は淡紫色であるが変化することが多い。開花は4〜6月。

56―チゴユリ　ユリ科

北海道から九州まで分布する。やや明るい山地の林内に生える多年草。茎は高さ15〜30cmで、普通は枝分かれしないが、まれにすることもある。茎の先に6弁の白い花を少し下向きに1〜2個つける。和名は、稚児百合で、その姿がかれんで小さいところからつけられたといわれている。開花は4〜5月。

57—ツバメオモト　ユリ科

北海道と本州（奈良県以北）に分布する。深山の林下などに生える多年草。葉は長さ15〜30cmあり、長楕円形で2〜5枚が根生する。花茎の高さは20〜30cmで、先に総状花序を成した白い小さな花を数個つける。開花は5〜7月。

58—ツボスミレ（ニョイスミレ）　スミレ科

日本全国に分布する。山野の湿ったところに生える多年草。茎は高さ10〜20cmでやわらかく根元から枝分かれして株立ちする。花は白く、唇弁に紫色の筋がある。和名のツボは、坪の意味からつけられた。別名をニョイスミレといい、ニョイは、葉のかたちが僧侶の持つ如意に似ているところからついた。開花は4〜6月。

59 ― ドウダンツツジ　ツツジ科

本州（房総半島南部、天城山以西）と四国・九州などに分布する。山地に生える落葉低木。高さは1～3mで、春には壺形の白い花をたくさん吊り下げる。秋には真赤に染まる紅葉がひときわ美しい。開花は4～5月。

60 ― ドクダミ　ドクダミ科

本州から沖縄まで分布する。平地の日陰に良く生える多年草。茎は高さ20～30cmになり、茎の先に淡黄色の短い穂状の花をつける。和名は、毒痛みに由来するといわれているが、異説もある。開花は6～7月。

61—ナガハシスミレ（テングスミレ）
　　スミレ科

本州（鳥取県以北）に分布する。主に日本海側の山地の林下や林縁に生える多年草。葉は先がとがり長い円心形で光沢があり、花は径が1.5cm程の淡紫色で、花柄の上に小苞がある。距が特に細長いので、別名をテングスミレという。開花は4〜5月。

62—ニリンソウ　キンポウゲ科

北海道から九州まで分布する。山麓の林や竹林や土手などに生える多年草。高さは20～30cmで、根生葉は3つに裂け、裂片はさらに裂ける。茎葉は3枚輪生して柄はない。茎葉の中心から2本の長い花柄を出して、その先に白い花をつける。和名は、二輪草で、2個の花がつくことからつけられた。開花は4～5月。

63— ネコヤナギ　ヤナギ科

北海道から九州まで分布する。山野の水辺に生える落葉低木。高さは0.5〜3mで、春のおとずれとともに最も早く開花する柳のひとつで、銀白色に輝く花芽は良く目立つ。開花は3〜4月。

64―ハウチワカエデ　カエデ科

北海道と本州に分布する。山地に生える落葉高木。高さは5〜15mにもなり、葉はカエデの中でも大きくて紅葉も見ごたえがある。春には、枝先に暗紅紫色の花をつける。開花は4〜5月。

65―ハシリドコロ　ナス科

本州と四国・九州などに分布する。山地の少し湿り気のあるところに生える多年草。茎の高さは30〜60cmになり、葉は長楕円形で、葉の脇に鐘形の花を1個ずつつける。色は外側が暗紅紫色で内側は黄緑色である。開花は4〜5月。

66―ハナウド　セリ科

本州（関東地方以西）から九州まで分布する。山野の湿地や川岸などに生える多年草。茎は中空で高さは50cm〜2mにもなり、葉も大きい。花は白色5弁で、たくさん開く。開花は5〜6月。

67—ハルジオン　キク科

日本全土に分布する。大正時代に渡来した北アメリカ原産の多年草。もともと観賞植物として輸入され、東京で栽培されていたが、野に出てしまい、戦後になり都市周辺に広がり、今では全国に広がってしまった。茎は中空で、頭状花は白色か淡紅色である。開花は4〜6月。

68—ハルリンドウ　リンドウ科

本州から九州まで分布する。日当りの良い少し湿った山野に生える2年草。花茎は数本集まって立ち、青紫色の花は鐘形で、茎の先に上向きにつける。開花は3〜5月。

69—ヒゴスミレ　スミレ科

本州と四国・九州などに分布する。山地の少し乾燥した林の木陰に生える多年草。葉は鳥足状で5つに分かれている。花は白色で紫の筋がある。開花は4～5月。

70—ヒトリシズカ（ヨシノシズカ）　センリョウ科

北海道から九州まで分布する。山地の林中や草地などに生える多年草。高さ10～30cmで、茎の先に楕円形で鋸歯のある葉が4枚輪生状に対生し、白色の穂状花序を1個つける。和名の一人静は、吉野山で舞う静御前の姿に見たてたものといわれている。別名、ヨシノシズカ。開花は4～5月。

71—ヒメオドリコソウ　シソ科

ヨーロッパ原産で、山野や道端などに群生する二年草の帰化植物。東アジアや北アメリカに帰化し、日本では明治26年（1893）に東京駒場で発見されたが、今では全国的に生えている。茎の高さは10～25cmで、上部の葉の間から淡い紅色で唇形の小さな花を輪のようにつけて次々と開く。開花は4～5月。

フキの雌株

72 ― フキ　キク科

本州と四国・九州などに分布する。山野の日当りの良いところに生える多年草。長い地下茎をのばして繁殖し、早春には葉よりも先に花を咲かせる。雌雄異株の植物で、雌株と雄株の違いは分かりにくいが、雌株は綿毛状の種子を散らす。フキの若い花茎がフキノトウで食用にされる。開花は3～6月。

73―フクジュソウ　　キンポウゲ科

北海道から九州まで分布する。暖かい西の地方には少なく、寒い北の地方に多く生える多年草。高さは15～30cmになり、黄色の花は、雪解けの頃から咲きはじめる。和名は福寿草で、新年を祝う花としてめでたい名をつけた。開花は2～4月。

74―ベニバナヤマシャクヤク　　キンポウゲ科

北海道より九州まで分布する。落葉広樹林下に生える多年草。高さは30～50cmになり、茎先に大きな花が1個つく。花は淡紅色で良く目立ち、そのため乱獲されて絶滅が危惧されている。開花は6～7月。

75―ベニバナイチヤクソウ　　イチヤクソウ科

北海道と本州（中部地方以北）に分布する。深山の林下に生える多年草で、群生することが多い。葉は円状楕円形か円形で2～5枚茎の根元にあり、茎は20cm程になる。茎に濃い桃色の花をたくさんつける。和名は、花が紅色で薬草にもちいられたのでつけられた。開花は6～8月。

76—ホウチャクソウ　ユリ科

日本全土に分布する。山地や丘陵の林中に生える多年草。高さは30〜60cmになり、上部で枝分かれする。枝先に1〜3個の花が垂れ下がってつける。花は筒形で早開せず、白色で先が少し緑色である。和名の宝鐸草は、花のかたちが寺院や塔の軒に下がる宝鐸に似ているところからつけられた。開花は4〜5月。

77—ホオズキ　ナス科

東アジア原産の多年草。観賞用に栽培されているが、野生状態のものもある。高さは40～90cmになり、広卵形の葉の脇に淡黄白色の花を1個下向きにつける。名は、茎につくカメムシ類の方言名「ホオ」にちなんでつけられたといわれている。開花は6～7月。

78—ホトケノザ　シソ科

本州と四国・九州・沖縄などに分布する。道端や畑のあぜに生える二年草。高さは10～30cmになり、葉は対生する。上部の葉は半円形で柄がなく、下部の葉には長柄がある。花は紅紫色の唇形で、上部の葉の脇に数個つける。春の七草のホトケノザは本種ではなく、キク科のコオニタビラコのことである。開花は3～6月。

79—マイヅルソウ　ユリ科

北海道から九州まで分布する。深山の針葉樹林下などに生える多年草で、群生していることが多い。高さは10〜25cmになり、茎先に白い花を20個程つける。和名の舞鶴草は、葉脈のかたちを羽根を広げた鶴に見たてたことからつけられた。開花は5〜7月。

80—マムシグサ　サトイモ科

北海道と本州（近畿地方以北）に分布するといわれている。山地の木陰などに生える多年草。うす暗い林中で見つけた時は、一瞬驚きを感じる。マムシグサという名はうなづける。茎（偽茎）の高さは60〜80cmになり、仏炎苞は大きい。開花は5〜6月。

81―マメザクラ（フジザクラ）　　バラ科

本州（千葉県南部・関東地方西南部・山梨県・長野県八ヶ岳周辺・静岡県東部）などに分布する。山地や丘陵に生える落葉小高木。富士山の周辺に多いことから別名をフジザクラという。花は白色か淡紅色で1〜3個散形状につける。開花は3〜5月。

82―ミズバショウ　サトイモ科

北海道と本州（兵庫県以北）に分布する。湿原や林内の湿地に群生して生える多年草。雪解けの頃、葉よりも先に真白い仏炎苞をたてる。その姿は実に美しい。花の後、葉が非常に大きくなり芭蕉の葉に似てくる。開花は5〜7月。

83 — ミツバツツジ　ツツジ科

本州（関東・東海・近畿地方）に分布する。山地に生える落葉低木。高さは1〜3mになり、花は紅紫色で葉より早く枝先に1〜3個つける。葉は菱形状広卵形で枝先に3枚輪生する。開花は4〜5月。

84―ミヤマキケマン　ケシ科

本州（近畿地方以北）に分布する。日当たりの良い山地に生える越年草。高さは15〜50cmになり、株元からたくさん茎を出し、葉は羽状に細かく裂けている。花は淡黄色で枝分かれした茎の先に多数総状につける。開花は4〜7月。

85―ムラサキキケマン　ケシ科

日本全土に分布する。山麓や平地の日陰で少し湿ったところに生える越年草。高さは20〜50cmになり、全体にやわらかく、傷をつけると悪臭がある。花は紅紫色で茎の先に多数総状につける。和名は紫華鬘で、仏殿の装飾具の華鬘にたとえてつけられた。開花は4〜6月。

86—ヤブレガサ　キク科

本州と四国・九州などに分布する。山地や丘陵の林下に生える多年草。高さは50〜120cmになり、花は夏から秋にかけて咲く。この植物は芽生えの頃、破れた傘をすぼめた姿は実にユニークである。この葉の状態が名にふさわしいので、葉であるが、あえて掲載しました。芽生えは4〜5月。開花は7〜10月。

87—ヤマシャクヤク　ボタン科

本州（関東地方以西）と四国・九州などに分布する。山地の林下に生える多年草。高さは30〜50cmになり、茎先に大きく白い花を1個上向きにつける。和名は、山に咲き、シャクヤクに似ていることからつけられた。開花は4〜6月。

88—ヤマナシ　バラ科

本州と四国・九州などに分布する。山地や高原に生える落葉高木。葉は互生し、卵円形か卵状長楕円形である。花が白色で、枝いっぱいに咲く。9〜10月には黄褐色に熟した実ができる。あまりおいしくはないらしい。果樹のナシはヤマナシを改良したもの。開花は5〜6月。

89—ユキノシタ　ユキノシタ科

本州から九州まで分布する。湿ったところや岩上などに生える多年草。花茎は20〜50cmになり、茎先に白い花をつける。花弁は5枚あり、上の3枚は小さく淡紅色で濃い斑点がある。和名は、花の白さを雪にたとえてつけたといわれている。他にも、いろいろな説がある。開花は5〜6月。

90―**ユキワリソウ**　サクラソウ科

北海道や本州(中部地方以北)四国・九州などに分布する。深山や高山の岩の多いところに生える多年草。花茎は7〜15cmになり、茎先に淡紅紫色の花をつける。和名は雪割草で、雪解けとともに花を咲かせることからつけられた。開花は6〜7月。

91―ラショウモンカズラ
シソ科

本州から九州まで分布する。林下などに生える多年草。高さは20～30cmになり、唇形の花は青紫色のやや大型で、茎の上部の葉腋に横向きに数個つける。和名は羅生門葛で、花冠を京都の羅生門で、渡辺綱に切り落とされた鬼女の腕に似ているところからつけられた。開花は4～7月。

92―リュウキンカ　キンポウゲ科

本州と九州に分布する。山地の湿地や沼地に生える多年草。茎は高さ15～50cmになり、花は径2cm程で花弁はない。和名は立金花で、茎が直立して金色の花が咲くことからつけられた。開花は4～5月。

93—リンゴ　バラ科

ヨーロッパ原産の落葉小高木・高木。明治初期に輸入されたといわれている。春には、枝に白色か淡紅白色の花を散形状に数個つけ、秋には、たわわに実をつける。開花は5〜6月。

94—ルリソウ　ムラサキ科

北海道と本州（中部地方以北）に分布する。木陰などに生える多年草。高さは20〜30cmになる。葉は互生し、茎と葉に細かい毛があり、花は濃い藍色で柄がある。開花は4〜6月。

95―レンゲツツジ　ツツジ科

北海道（西南部）と本州・四国・九州に分布する。高原などに生える落葉低木。高さ1〜2mになり、葉は互生し縁に細かい毛がある。花は朱橙色で2〜8個つける。ツツジの中でも花は大きく、単独でなく群生していることが多い。開花は6〜7月。

Index

番号	和名・名称	科名	開花時期	掲載ページ
1.	アツモリソウ	ラン科	4月—5月	P.05
2.	アケボノアセビ	アセビ科	3月—5月	P.06
3.	アズマイチゲ	キンポウゲ科	3月—4月	P.06
4.	アオチドリ（ネムロチドリ）	ラン科	5月—6月	P.07
5.	アマドコロ	ユリ科	5月—6月	P.07
6.	アヤメ	アヤメ科	5月—7月	P.08
7.	イカリソウ	メギ科	4月—6月	P.08
8.	イチリンソウ	キンポウゲ科	4月—5月	P.09
9.	ウスバサイシン	ウマノスズクサ科	3月—5月	P.10
10.	ウマノアシガタ	キンポウゲ科	4月—5月	P.10
11.	ウワミズザクラ	バラ科	5月—6月	P.10
12.	エビネ	ラン科	4月—5月	P.11
13.	エンレイソウ	ユリ科	4月—6月	P.12
14.	オオアラセイトウ（ハナダイコン）	アブラナ科	3月—5月	P.13
15.	オオイヌノフグリ	ゴマノハグサ科	3月—5月	P.14
16.	オキナグサ	キンポウゲ科	4月—5月	P.15
17.	オトコヨウゾメ	ガマズミ科	5月—6月	P.16
18.	オヘビイチゴ	バラ科	5月—6月	P.17
19.	カキドオシ	シソ科	4月—5月	P.17
20.	カタクリ	ユリ科	3月—5月	P.18
21.	カモメラン（カモメソウ）	ラン科	4月—5月	P.19
22.	キジムシロ	バラ科	5月—6月	P.20
23.	キバナノヤマオダマキ	キンポウゲ科	6月—7月	P.20
24.	ギンラン	ラン科	5月—6月	P.21
25.	クサノオウ	ケシ科	4月—5月	P.22
26.	クサボケ	バラ科	4月—5月	P.23
27.	クマガイソウ	ラン科	4月—5月	P.23
28.	クリンソウ	サクラソウ科	5月—6月	P.24-25
29.	クルマバツクバネソウ	ユリ科	6月—7月	P.26
30.	グンナイフウロ	フウロソウ科	6月—8月	P.26
31.	コイワカガミ	イワカガミ科	6月—7月	P.27
32.	コウライテンナンショウ	サトイモ科	5月—6月	P.27
33.	コバイケイソウ	ユリ科	6月—8月	P.28
34.	コブシ	モクレン科	3月—5月	P.28
35.	サクラスミレ	スミレ科	4月—5月	P.29
36.	サクラソウ	サクラソウ科	4月—5月	P.29
37.	ササバギンラン	ラン科	5月—6月	P.30
38.	ザゼンソウ	サトイモ科	3月—5月	P.31
39.	サンシュユ	ミズキ科	3月—4月	P.31
40.	シダレザクラ	バラ科	3月—4月	P.32
41.	シダレモモ	バラ科	3月—4月	P.32
42.	ショウジョウバカマ	ユリ科	4月—6月	P.33
43.	シラネアオイ	キンポウゲ科	5月—7月	P.34
44.	シロバナエンレイソウ	ユリ科	4月—6月	P.34
45.	シロバナヘビイチゴ	バラ科	5月—7月	P.35
46.	ジロボウエンゴサク	ケシ科	4月—5月	P.35
47.	スギナ	トクサ科	3月—5月	P.36
48.	スズムシソウ	ラン科	4月—6月	P.37
49.	スズラン	ユリ科	4月—6月	P.37
50.	スミレ	スミレ科	5月—6月	P.38

番号	和名・名称	科名	開花時期	掲載ページ
51.	スミレサイシン	スミレ科	4月—6月	P.38
52.	セイヨウタンポポ	キク属	3月—5月	P.39
53.	セツブンソウ	キンポウゲ科	2月—3月	P.40
54.	センボンヤリ	キク科	4月	P.41
55.	タチツボスミレ	スミレ科	4月—6月	P.41
56.	チゴユリ	ユリ科	4月—5月	P.41
57.	ツバメオモト	ユリ科	5月—7月	P.42
58.	ツボスミレ（ニョイスミレ）	スミレ科	4月—6月	P.42
59.	ドウダンツツジ	ツツジ科	4月—5月	P.43
60.	ドクダミ	ドクダミ科	6月—7月	P.43
61.	ナガハシスミレ（テングスミレ）	スミレ科	4月—5月	P.44
62.	ニリンソウ	キンポウゲ科	4月—5月	P.45
63.	ネコヤナギ	ヤナギ科	3月—4月	P.46
64.	ハウチワカエデ	カエデ科	4月—5月	P.47
65.	ハシリドコロ	ナス科	4月—5月	P.47
66.	ハナウド	セリ科	5月—6月	P.47
67.	ハルジオン	キク科	4月—6月	P.48
68.	ハルリンドウ	リンドウ科	3月—5月	P.48
69.	ヒゴスミレ	スミレ科	4月—5月	P.49
70.	ヒトリシズカ（ヨシノシズカ）	センリョウ科	4月—5月	P.49
71.	ヒメオドリコソウ	シソ科	4月—5月	P.49
72.	フキ	キク科	3月—6月	P.50
73.	フクジュソウ	キンポウゲ科	2月—4月	P.51
74.	ベニバナヤマシャクヤク	キンポウゲ科	6月—7月	P.51
75.	ベニバナイチヤクソウ	イチヤクソウ科	6月—8月	P.51

番号	和名・名称	科名	開花時期	掲載ページ
76.	ホウチャクソウ	ユリ科	4月—5月	P.52
77.	ホオズキ	ナス科	6月—7月	P.53
78.	ホトケノザ	シソ科	3月—6月	P.53
79.	マイヅルソウ	ユリ科	5月—7月	P.54
80.	マムシグサ	サトイモ科	5月—6月	P.55
81.	マメザクラ（フジザクラ）	バラ科	3月—5月	P.56
82.	ミズバショウ	サトイモ科	5月—7月	P.57
83.	ミツバツツジ	ツツジ科	4月—5月	P.58
84.	ミヤマキケマン	ケシ科	4月—7月	P.59
85.	ムラサキキケマン	ケシ科	4月—6月	P.59
86.	ヤブレガサ	キク科	7月-10月	P.60
87.	ヤマシャクヤク	ボタン科	4月—6月	P.60
88.	ヤマナシ	バラ科	5月—6月	P.61
89.	ユキノシタ	ユキノシタ科	5月—6月	P.62
90.	ユキワリソウ	サクラソウ科	6月—7月	P.63
91.	ラショウモンカズラ	シソ科	4月—7月	P.64
92.	リュウキンカ	キンポウゲ科	4月—5月	P.64
93.	リンゴ	バラ科	5月—6月	P.65
94.	ルリソウ	ムラサキ科	4月—6月	P.66
95.	レンゲツツジ	ツツジ科	6月—7月	P.67

八ヶ岳周辺MAP

70

参考文献

『日本の野草』編集・解説／林 弥栄（山と渓谷社）1983年
『日本の樹木』編集・解説／林 弥栄（山と渓谷社）1985年
『ポケット図鑑・花色でひける山野草・高山植物』監修／大島敏昭（成美堂出版）2002年
『Field Books 山野草』菱山忠三郎（主婦の友社）1998年

Profile

日䒷貞夫　ひびさだお

1947年 大阪生まれ。(社)日本写真家協会会員。
「日本の美」をテーマに、風景・建築・文化財・美術工芸品などを撮影。
日本人が長い歴史の中で作り上げてきた「かたち」の美しさや、
四季折々の風景の妙にこだわって撮影を続けている。

これまでに80数冊の写真集を出版。
主な著書に『四季法隆寺』（新潮社）
　　　　　『日本の名庭』（朝日新聞社）
　　　　　『日本の伝統・色とかたち』（グラフィック社）
　　　　　『井伊家の名宝』（毎日新聞社）
　　　　　『富本憲吉全集』（小学館）
　　　　　『庭の意匠』（NHK出版）
　　　　　『日本の文様』（講談社インターナショナル）―英文版―
　　　　　『名城の日本地図』（文芸春秋）などがある。

そのほか、ユニセフ『国連児童基金はがき』
　　　　　記念切手『世界遺産シリーズ』
　　　　　　　　　『日本の民家シリーズ』
　　　　　　　　　『ふるさと切手』などの原画撮影を多数担当。

花の絵本 Vol.9　**八ヶ岳高原の花・春**
Flower of The Yatsugatake highlands, Spring

日䒷貞夫 写真集
Photographed by Hibi Sadao

2006年 8月28日　初版第一刷発行

著　者	日䒷貞夫
発行者	今東成人
発行所	東方出版（株）
	〒543-0052 大阪市天王寺区大道1-8-15
	電話 06-6779-9571　ファックス 06-6779-9573
デザイン	井原秀樹／大倉靖博デザイン室
印刷・製本	泰和印刷株式会社

©2006 Printed in Japan　ISBN4-86249-024-7
乱丁・落丁本はお取り換えします。

六甲高山植物園	写真・倉下生代／解説・久山敦	1,200円
花はす公園	写真・落井一枝／解説・金子明雄	1,200円
花の文化園	写真・倉下生代／解説・竹田義	1,200円
大阪城の梅花　登野城弘写真集	解説・鈴木登	1,500円
大阪城の花暦　登野城弘写真集	登野城弘	1,500円
花のほほえみ	写真・倉下生代／解説・久山敦	1,200円
スイレンと熱帯の花	写真・倉下生代／解説・久山敦	1,200円
野菜の花	写真・山田静夫／解説・河合貴雄	1,500円
やまと花萬葉	文・片岡寧豊／写真・中村明巳	1,800円
高原の花紀行　山本建三写真集	山本建三	1,200円
草木スケッチ帳 1・2・3	柿原申人	各2,000円
花はな華　朝日新聞『声』欄イラスト集	片山治之	2,500円
花あそび	写真・緑川洋一／お話・緑川藍	1,600円

（表示価格は税抜き）

TOHO SHUPPAN